章老師教妳

孕婦這樣吃

孕婦養胎寶典

章惠如◎著

壹電視主播～王又冉 產後訪談

　　和老公愛情長跑七年步入禮堂,很幸運,一年左右我們就迎接了我們的小寶貝,是個可愛的小妞!不過剛開始一懷孕,什麼都不懂的我當然也像無頭蒼蠅瘋狂查資料,最關心的,除了如何讓寶貝在肚裡健康成長出生,也和許多媽媽一樣擔心產後身材能不能快速恢復!!

　　結果一查發現,原來坐月子坐得好,不僅就像長輩說的,可以跟身體原本的大小毛病say byebye,宛如重獲新生,體質逆轉勝!還能**幫助迅速回復身材!!**而關鍵就在月子餐?怎麼吃?!不過網路隨便一查,月子餐這麼多家,該怎麼選?當然還是擁有幾十年好口碑的老品牌最讓人信任,加上同事大力推薦,讓我最終選擇了由日本皇室御用醫師莊淑旂博士的外孫女成立的**「廣和」**,套句網友的口頭禪,「讓專業的來」就對了!

　　從一開始跟**廣和**客服接觸就讓我印象深刻!因為她們不但專業知識豐富,能提供媽媽從孕期到生產到坐月子最完整的資訊,而且餐點都是為媽媽們量身打造,像我比較氣虛,在專業建議下,產前最後一個月,我就特別喝**廣和**的滴雞精和養肝湯打底,果然孕期最後幾天體力比較充足,順利自然產下健康寶貝。

　　產後還在醫院,廣和就馬上送來了專業的餐點,讓我完全不用擔心在進月子中心前會出現無餐可吃的「斷層」,而且當天儘管是假日,廣和的服務人員還特地跑來關心、教導如何綁束腹帶,只要有需要,隨call隨到的**五星級服務揪甘心ㄟ!**之後餐點繼續送到月子中心來,廣和也隨時關心,並隨著我的需求調整!

　　像是為了幫我增加哺乳的乳汁,馬上幫我加了發奶茶和發奶燉品,知道我容易口乾舌燥,就幫我多準備了荔枝殼、山楂茶等生津解渴又養生的飲品,為了幫助腸道「順暢」,也另外給了我一大碗黑芝麻當零嘴,搭配能消水腫的甜品和**「莊老師仙杜康」**及**「莊老師婦寶」**加強保健,讓我吃得均衡滿足又能擺脫水桶腰!尤其廣和的食補餐點,都採用用米酒蒸餾出來不含酒精的**「廣和月子水」**,更好吸收,不用擔心愈吃愈腫!雖然一天六餐,不過坐完30天月子,我的**小腹還比懷孕前都還要小**呢!

　　另一個「月子坐得好」的明顯發現是:我原本非常難流汗,夏天在戶外身體熱氣都散不出去,常常中暑,在冷氣房則是手腳冰冷,但吃了**廣和**的月子餐後,我每天都覺得渾身暖和,半夜睡覺更是香汗淋漓,血液循環明顯變好,氣色當然也跟著變好!讓我白天更有元氣哺乳、照顧小寶貝!媽媽健康,寶寶才能健康,為了孩子也為了自己,月子真的一定要好好坐,千萬別放棄這個讓自己**煥然一新的好機會!**

王又冉

知名主播 敖國珠 產後訪談

身為現代婦女，結婚第六年生下翔翔，由老媽照顧我坐月子，讓我兼顧了家庭和事業，開始了假日媽媽的生涯，所以第二胎的懷孕對我來說，是一件期待而完美的事，雖然辛苦出入主播工作，卻讓我甘之如飴，懷胎37週就立下要生元旦寶寶的心願，在新的年度預約甜蜜幸福四人行；果然就在十二月中剖腹產下3000公克的女娃，先果後花，成了現代好媽媽的行列……

我是一個生活實踐者，健康、美麗是我的最愛，在懷孕37週以前，因為平日注意有加的關係只讓體重增加了12公斤，基於第一胎的坐月子心得，讓自己體會到審慎選擇坐月子方式的重要性，透過多方諮詢同事及專家經驗，深知"坐月子是女人一生的大事"，不能輕忽，於是深信不疑地將坐月子大任交由專業的"廣和坐月子料理外送"來服務，由於產前養肝湯和莊老師喜寶的調理，雖然提前剖腹生產，但胎兒相當健康，這是我們家人所囑目的新力軍----生氣十足，活力充沛，正是"追求健康，創造美麗"的廣和，給了我們一家人最好的回饋。尤其是聽到另一項"莊老師幼儿ㄣ寶"的研發成功，讓天下的寶貝都可以享受這份珍品，如此的訊息，讓所有的媽媽都可以安心，正是多變不穩的環境中，打了一帖定心劑，除了感謝以外，還是由衷的感激，相信這是天下父母所樂於知道的好消息！！！

民視主播 常聖傳 產後訪談

相隔了四年，妹妹加入了我們的家庭，雖然不是初為人母，但許多事情等於是要重頭來過，而唯一讓我不假思索的是，在產前半年，立刻訂購了**廣和坐月子餐**，因為第一胎的經驗，讓我能安心把寶寶與自己交給**廣和**。

哥哥從出生後，不論是頭圍、身高或體重，百分位總是名列前茅，即便是上了幼兒園中班，個子也比大班同學還高，令爺爺、姥姥相當驕傲。那次懷孕後期，開始吃「**莊老師喜寶**」，也為哥哥打下良好基礎，因此，懷有妹妹時，更是每天準時服用。後來，妹妹雖然比預產期提早半個月來報到，但體重仍然超過三〇〇〇克，讓原本有點擔心的我，頓時感到欣慰。

哥哥是在冬天出生，妹妹是在夏天報到，對本來就喜歡喝水的我來說，坐月子不能喝一般普通的水，成為一大考驗。**廣和**在我尚未進產房前，已先行送來產後暖胃餐，裡面還有中藥飲品、養肝湯、生化湯等，自然分娩後不僅能馬上補充體力，口乾舌燥時，也能立刻喝上一碗飲品，不用怕水桶肚上身。

我喜歡廣和坐月子餐的另一項原因，是同樣為藥膳食品，像是麻油、歸耆等，口味清淡、中藥味不濃，不像坊間料理後會有油膩感。不僅如此，**廣和**坐月子餐還有芝麻糊、銀耳蓮子湯等甜品，可以令人解解饞。

因為第一胎坐月子相當成功，向來關心我的公公、婆婆，這次也同樣重視我坐月子的情況，但在得知同樣是訂**廣和**後，自然而然也放心許多。而第一胎時，我有點擔心身材，吃廣和坐月子餐時，還會自動減量，到了第二胎時，已對廣和深具信心，就沒有那麼多忌憚，吃的更安心。外界常說，生第二胎體力、身材都會恢復的很慢，沒想到，產後上班時，有些人看到我，根本不知我已生完第二胎，甚至有人不相信，我已經是兩個孩子的媽媽了。

感謝外婆，我的孩子好健康！

章惠如

　　我是章惠如，除了大家所知道的講師及作家身分之外，也是兩個乖巧女兒及一個善解人意兒子的媽咪，我非常感謝我的外婆莊淑旂博士，以及母親莊壽美老師，因為由她們所研究傳承下來一套獨特又有效的養胎及坐月子方法，不僅讓我生下很棒、很健康的孩子，更驚喜的是，當我真正完完全全依照這套方法來坐月子後，不僅體質得到了改善，困擾我許久的產後肥胖症竟然不再發生了！

　　在這裡，我要再一次由衷地感謝阿媽及媽媽，並且非常高興地將我養胎及生產後坐月子的體驗分享給大家。

　　第一次懷孕是我三十四歲的時候，為了迎接這個新生命的到來，全家人不僅替我分擔大部分的工作，對於我的食衣住行更是呵護備至，當懷胎五個月醫生宣佈：「是個兒子」時，全家更是興奮得不得了，所有的祝福及關懷，讓我覺得自己簡直就是世界上最幸福的準媽媽！可惜好景不常，就在懷孕第七個月時，因為肚子隱隱作痛去看醫生，才知道孩子已經胎死腹中近一個禮拜了！

◆第一次懷孕的打擊

　　突然來的惡耗，讓我從最高、最快樂的境界，一下子跌到了最低、最悲哀的谷底，眼淚止不住的流下來，心情亦跌落到了谷底。我在先生的安排下住進醫院開始引產，痛了兩天卻只開了一指，而催生的疼痛加上心情的悲痛，使我瀕臨崩潰的邊緣。先生不忍看我如此痛苦，於是主動要求醫生開刀，終於在民國八十五年五月一日，剖腹結束我第一次的懷孕。

　　接下來的月子幾乎根本沒有做，大概只勉強喝了幾口阿媽要妹妹煮來的生化湯及養肝湯，莊老師仙杜康勉勉強強吃了一盒，莊老師婦寶也只吃了一盒半，排氣後第二天就開始喝水，雖然深知阿媽坐月子的方法，心情低落的我根本也想不到這麼多了。結果是肚子沒有縮回來，體重不減反增，比懷孕前整整胖了九公斤！不僅如此，爾後以淚洗面、睡眠不足的結果使得眼睛極度疲勞、視野變窄，其他如頭痛、掉髮、手腳酸麻、腰酸背痛的毛病也全都出現了，沒想到除了喪子之痛，還要承受這種體膚上的折磨。

◆真棒！我和寶寶都健康

　　四個月後第二次懷孕，這次我非常謹慎，全程均戰戰兢兢，十六週即做羊膜穿刺，二十週以後，每天都注意胎動是否正常，並且平均兩週即做一次檢查，生活及飲食上也都遵從阿媽的指導：
一、每天補充天然鈣質（如大骨或魚頭熬湯），並至少吃一百公克的小魚干。

二、儘量遵守三：二：一的飲食原則，早上吃肉類、中午為魚、貝類、晚上吃蒸粥及少量的魚或雞肉（因雞肉較易消化），但每餐都須攝取蔬菜。

三、飯前及睡前做消除疲勞及脹氣的按摩（飯前休息）。

四、每天儘量散步三十分鐘（適度的運動）。

五、禁忌的食物絕不偷吃，比如：蝦子、螃蟹、蝦米、韭菜、豬肝、薏仁、生冷的（如生菜沙拉、生魚片、冰的飲料等）、刺激性的、煎的、油炸或烤焦的、太鹹或太辣的、辛香料及防腐劑含量太多的食物全部統統禁止。

六、每天定時服用「莊老師喜寶」（在當時還只是阿媽開給我的處方籤，需要自行調配、熬煮，一直到了民國八十九年，才成功的與生物科技技術結合，研發出了孕婦最方便有效的養胎聖品「莊老師喜寶」）。

八十六年六月二十九日大女兒阡阡終於在大家的期盼下剖腹出世，出生時體重三千八百五十公克，而且非常健康可愛。之後，我更乘勝追擊，於八十七年剖腹生下龍鳳胎，因為養胎養得好，兒子出生時體重高達四千三百公克，小女兒也有三千公克，這真可以說是非常驚人的成績！

現在，我三個可愛的孩子都已經上小學了，而在他們成長的這段期間，我與先生賴駿杰也攜手積極從事婦女養胎及坐月子服務的工作，就因為我們親身經歷過正確與錯誤的養胎及坐月子的方法，所以我們希望能夠幫助所有的婦女朋友們，都能抓住懷孕到坐月子改變體質的好機會，越生越健康、越生越美麗！

BOX／本書使用守則

本書所使用的材料、計量單位與換算，可參考如下：
1大匙(T) = 15克 = 15cc 若無大匙，可用一般喝湯的湯匙代替
1小匙(t) = 1茶匙 = 5克 = 5cc
1杯(Cup，簡寫C) = 240克 = 240cc
1公斤 = 1000公克
1市斤 = 500公克
1台斤 = 16兩 = 600克
1兩 = 37.5克
1碗 = 1飯碗(家裡盛飯用的飯碗)
少許 = 略加即可
適量 = 端看個人口味增減份量

章 老 師 教 妳

孕·婦·這·樣·吃

孕 婦 養 胎 寶 典

CONTENTS

Chapter 1

養胎飲食觀念及孕期禁忌食物

Chapter 2

肉類早餐
········ 一天中最精采的一餐

Chapter 3

魚類午餐
········ 高鈣、蛋白質的輕午餐

Chapter 5

孕婦症狀對策

Chapter 4

青菜與貝類晚餐
········只要營養不要負擔

Chapter 1

養胎飲食觀念及孕期禁忌食物

優質寶寶從胚胎開始培養，
藉由正確的生活作息及飲食，
讓胎兒獲得良好且充足的營養，
幫助寶寶從在母體內就開始為
日後的健康打下基礎。

養胎與胎教的關係

　　什麼是養胎呢?就是藉由正確的生活作息及飲食,讓胎兒獲得最好、最正確的營養,讓孩子從在母體內就開始為日後健康打基礎。尤其現在有許多小孩子,一生下來就有過敏性體質,除了遺傳因素外,其實也和懷孕期間媽媽吃多了海鮮中的蝦蟹有關。除此之外,生活飲食若保持正常,也會影響孕婦的身心狀態,少掉懷孕期間常見的症狀如:害喜、失眠、水腫、脹氣……等,媽媽舒服了,心情自然愉快,胎教也才能成功。

　　莊淑旂博士的外孫女章惠如,便表示胎兒要健康的先決條件是媽媽要健康,因此想要孕育健康的小寶寶,準備懷孕時,就要先把自己的身體養好。章惠如在努力遵循外婆莊淑旂博士的養胎秘方之下,生下了雙胞胎,孩子誕生時,女兒重達三千公克,兒子四千三百公克,完全超出一般雙胞胎的規模,而自己也在正確的照料下,贏回了健康。因為有了自己的親身體驗,遂決定公開這套由莊淑旂博士指導傳授的養胎秘方,提供一

心想生健康聰明寶寶的所有夫婦參考。不過，章惠如也特別聲明「天下沒有白吃的午餐」，這套養胎法對許多孕婦來說，或許有些麻煩及困難遵守，但是為了自己與寶寶永久的健康，短暫的麻煩仍是值得的，故有心的父母不妨一試。

三二一飲食原則

　　眾所週知，懷孕期間的飲食非常重要，但並非隨著孕婦本身的口味喜好而隨意亂吃，更非一般所認爲的「餓了就吃」、「一天要吃五餐」......等，盲目進食的方式。最好的選擇便是按照莊淑旂博士所提倡的孕婦「三二一飲食原則」。所謂的孕婦三二一飲食原則，即是若把晚餐份量當成一份，那麼早餐就要吃到晚餐份量的三倍，午餐則爲兩倍；轉化成另一種說法，即是「早餐要吃得好，午餐要吃得飽，晚餐要吃得少」。至於宵夜則一定禁止，因爲吃了宵夜，使腸胃無法休息，容易產生脹氣，並且會影響到睡眠品質，間接使孕婦出現便秘、頭痛、胃痛等症狀。

早餐肉類、午餐魚類、晚餐以青菜及貝類為主

　　由於生活步調的影響，大多數人都是早餐草草解決或是不吃，午餐以填飽肚子爲主，晚上下班回家全家團聚，再一起享受一天中最豐盛的一餐，這樣的飲食習慣，到了懷孕時，一定要徹底改正過來，才能讓自己吃得輕鬆，寶寶又能吸收到完整、充分的營養。

　　以早餐來說，稀飯配上醬菜，或者牛奶加麵包，還是廣東粥、肉包子、蚵仔麵線......等，都會讓孕婦吃不飽、營養也不均衡，孕婦常常會工作到10點多，就會感到肚子餓了，於是只好再胡亂塞些餅乾、麵包打發；但到了眞正的午餐時間，問題卻來了，因爲午飯前最好先休息20分鐘再進食，可是上午吃進去的食物卻還未完全消化，於是午休品質相形降低，更影響中午的食慾，中午沒吃飽下午又得吃零食塡肚子，如此惡性循環之下，沒有一餐能夠吃得對又吃得好。因此懷孕期間的早餐最

好改為「乾飯」，而且是糙米飯，因為糙米可以加強新陳代謝，讓寶寶吸收得到營養；此外，早餐的菜色也最好以肉類為主，為避免吃膩，可以豬、牛、雞、羊等各種肉類交替食用，份量則約為100~150公克(可視個人狀況增減，但平均在200公克以內最佳)；而蔬菜類則是肉類的2~3倍(每餐皆如此)，除了綠色蔬菜外，紅蘿蔔、海帶、蓮藕、馬鈴薯……等食物，也應多多食用。

　　而孕婦的午餐則應以魚類為主，並需避免食用蝦、蟹、生魚片，以免造成胎兒過敏或本身細菌感染，引發腸胃不舒服。由於魚類的營養價值非常高，不僅能補充孕婦及胎兒所需要的蛋白質和鈣質，同時魚類的種類繁多，可以天天換著吃；烹調作法上則建議用蒸或煮，盡量避免炒或煎，以減少油脂的攝取過量。至於孕婦的晚餐應是一天中份量最少的一餐，故建議以青菜及貝類為主，烹調口味盡量清淡，謝絕大魚大肉，好讓腸胃充分休息；許多孕婦一開始可能不習慣這樣的飲食方式，則不妨先以各種粥品代替，待慢慢適應後，再逐步降低吃的份量，以及食物的種類，相信不僅能讓妳感覺身心舒暢，寶寶的發育也更健康。

孕婦可多吃的食物

　　懷孕期間究竟應該吃些什麼，經常困軟許多孕婦，其實只要遵守3：2：1的飲食原則，再由可以吃及應該多吃的食物中，選擇自己喜歡吃的食物做搭配即可。在眾多食物中，因其營養成分及效果而建議在懷孕期間應多吃的食物有以下幾種：

◎蓮藕干貝大骨湯

蓮藕可以鎮定神經、幫助排便、促進新陳代謝、消除脹氣，使荷爾蒙協調；干貝也有安定神經的功效。

◎白蘿蔔干貝大骨湯

白蘿蔔可以消除脹氣、利尿；大骨熬湯則是補充鈣質的最佳來源。

◎菠菜、雞胗、新鮮香菇，一起拌炒或煮湯

菠菜可以補充鐵質與鈣質；香菇能提高代謝能力；而處理雞胗時除必須完全清洗乾淨之外，還應保留「雞內金」(即裡面的黃膜部分)，因其消化能力強，可以幫助孕婦消化食物及吸收營養。

◎海帶、紅蘿蔔、豆腐、魚類、糙米、蔬菜⋯⋯等

海帶富含碘；紅蘿蔔有豐富的 β 胡蘿蔔素；糙米能提高代謝能力；豆腐及魚類都富含優良蛋白質。

孕婦禁忌的食物

　　很多孕婦有錯誤的觀念，認為只要能吃得下就要盡量地吃，胎兒總是吸收得到營養；其實，胎兒正在成形、發育的時候，只有補充他所需要的營養，才是對寶寶有益的。也相對的，某些食物，在一般人看來似乎是營養價值很高的好東西，卻可能對胎兒造成負面的影響，例如；寶寶出生後容易有過敏體質……等，都是做媽媽的在懷孕時不可不謹慎注意的。

以下特別舉例一些孕婦在懷孕期間應該避免食用的食物：

◎**烹調時避免使用紅花油、葵花油。**

◎**蝦、蟹**
蝦、蟹的荷爾蒙十分旺盛，對於因懷孕而處於荷爾蒙分泌不協調狀態的孕婦來說，最好不要吃，因為可能加劇荷爾蒙失調的情形。

◎**豬肝**
許多人認為豬肝很補血，然而它卻有破血之效，會打散子宮內的廢血；但因懷孕時期子宮內並無廢血，故反易造成早期流產。

◎**韭菜、麥芽(糖)**
產後退奶時很有效，但會影響荷爾蒙的分泌，且易造成噁心、嘔吐。

◎**薏仁**
其作用為消除體內異常細胞，但因受精卵對人體來說，並不是正常細胞，故薏仁的功效恐會抑制受精卵的成長，所以應盡量避免攝取。

◎**生冷食物**
例如生菜沙拉、生魚片、冰的飲料及水果……等；雖然產前需要涼補，但生菜類、生魚片因未經煮熟殺菌，容易造成腹瀉的狀況，且冰冷的食物會影響呼吸器官，造成寶寶過敏體質。

◎**太鹹、太辣、烤焦及油炸食物**
太鹹、太辣的食物對胎兒太刺激；烤焦的食物則對上呼吸器官神經黏膜有影響，兩者都容易造成寶寶有過敏體質。

喜寶

珍貴養胎珍寶與現代生物科技的結合

　　廣和莊老師與金佳鋒生物科技攜手合作，所研發成功的養胎聖品「喜寶」，可說是所有懷孕婦女的一大佳音。因爲「喜寶」乃是精選上等冬蟲夏草、珍珠粉鈣、小麥、甘草…等，採用科學方法精製而成的天然食品。女性朋友在懷孕期間，除了需要充足的休息、睡眠與運動之外，更需要均衡、足夠的營養，以提供懷孕、生產期間足夠的精神、體力，以及胎兒所需要的養分，而「喜寶」正具備此一功效。

　　這是因爲「喜寶」的成分內容豐富，有冬蟲夏草、珍珠粉鈣、果寡糖、孢子型乳酸菌、小麥、甘草…等，內含豐富的氨基酸、蟲草酸、多醣體、SOD、維生素、微量元素、鈣質及牛磺酸，大量的氨基酸能增強體力、減少疲勞；多醣體、SOD能消除過氧化脂、清除自由基；蟲草酸能調整體質，促進新陳代謝及調節生理機能；維生素、微量元素及牛磺酸能鎮靜安神，預防貧血，促進造血機能。加上「喜寶」乃是採用科學方法精製而成的天然食品，精華成分完全萃取，並去除雜質，免去了傳統補品必須煎、煮、燉、熬的不便與費時，是現代婦女滋補強身，養顏美容，產前產後營養補給與體能補養的最佳養胎聖品。

　　懷孕的婦女若在三餐中都能搭配「喜寶」，更能補充妳與寶寶所需的營養，這是因爲早餐服用「喜寶」，因其所含高營養價值的冬蟲夏草，能支撐妳一整天的體力，中餐吃魚類搭配「喜寶」，其中的珍珠粉鈣，就是妳最佳的鈣質來源，至於晚餐搭配「喜寶」，更能讓妳重質不重量的飲食，適時補充妳及寶寶的營養所需。金佳鋒生物科技的李副總經理更特別強調，金佳鋒生物科技秉

持創新研發的精神，將老祖宗的智慧加以科學、數據及標準化，與廣和莊老師所合作的「喜寶」，其中所採用的「冬蟲夏草」，更是經過特殊生物科技技術所生產出來，其品質穩定、優良，營養功效驚人卓著，且消費者不必擔心可能買到仿造的冬蟲夏草。李副總經理也進一步提到，懷孕對女性朋友而言是最值得喜悅的一件事，從確知懷孕的那一刻起，就應積極努力為寶寶打下良好基礎，然而現代人因為忙碌，常不知該如何養胎，幸而莊淑旂博士以其本身所學和外孫女的親身實證，體會到所有孕婦的切身需要，提供懷孕不同階段的孕婦及寶寶所需，搭配上莊老師與金佳鋒生物科技研發的「養胎聖品喜寶」，解決了懷孕女性可能的疲累、頭暈、四肢無力、冰冷、貧血、缺乏鈣質…等困擾，讓寶寶有充分、完整的營養，同時也達到孕婦調整體質、讓身體更健康，甚至產後迅速恢復苗條身段的功效；莊老師「喜寶」完整均衡的配方，可說是所有懷孕女性營養補充品的最佳選擇。

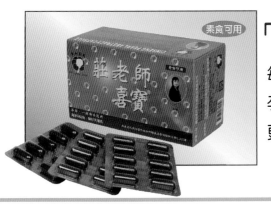

素食可用

「莊老師喜寶」

每盒售價2100元，以膠囊90粒(每粒500mg)包裝，
孕婦每日服用3粒，於三餐飯前以溫水各服用1粒；
更年期、生理期及授乳期，每日早晚各2粒。

Chapter2

肉類早餐 一天中最精采的一餐

為了讓懷孕的妳，
早上有充足的能量工作，
早餐最好吃富含蛋白質及熱量的食物，
並以肉類和內臟類為主。
再搭配上莊老師「喜寶」，
高價值的冬蟲夏草成分，
補充、提高妳整天活力的泉源。

馬鈴薯燉肉

● 材 料 ●
牛腩半斤、馬鈴薯(中) 1個、胡蘿蔔(中) 1條、白蘿蔔1/2條、香菇5朵、蔥1支、薑1小塊

● 調 味 料 ●
米酒1大匙、豆瓣醬1大匙、醬油3大匙、鹽1/2小匙、水1杯、白胡椒粉適量

● 作 法 ●

1. 將牛腩放入滾水中,大火煮開後改轉中小火,續煮15~20分鐘熄火,
   讓牛腩浸泡鍋內10分鐘,再取出沖冷水洗淨。

2. 將牛腩切1公分厚片狀;馬鈴薯、胡蘿蔔及白蘿蔔削皮切滾刀狀。

3. 蔥切段,薑外皮洗淨切片;香菇洗淨,放清水中泡軟。

4. 炒鍋預熱,加2大匙油以小火爆香薑片、香菇,加入牛腩、米酒、豆
   瓣醬、醬油、鹽和白胡椒粉,轉小火炒勻(約3分鐘);最後加入清水、
   馬鈴薯、胡蘿蔔及白蘿蔔煮開,以小火燉煮約30分鐘,即可熄火。

貼 心 叮 嚀

牛肉含豐富的鐵質及蛋白質,不僅可降低準媽媽貧血
的機率,還能供給小寶寶肝臟內鐵質的需求,是非常
好的營養來源。而馬鈴薯所含鉀、維生素C、A、B1、
B2也都極為豐富,能增強孕婦的體力喔!

牛蒡炒肉絲

● 材 料 ●
牛肉絲5兩、牛蒡1/2條、白芝麻1小匙、蔥絲少許(裝飾)

● 醃 料 ●
醬油1小匙、太白粉1小匙、蛋白適量

● 調 味 料 ●
鹽1/8小匙

● 作 法 ●

1. 牛蒡削皮、洗淨後切細絲,放入清水中浸泡(水中可滴幾滴白醋,防止牛蒡變黑)。

2. 牛肉絲拌入醬油、太白粉及蛋白,混合均勻後,略醃5分鐘。

3. 炒鍋內加入2大匙油燒熱,先下牛肉絲翻炒至變色,即可熄火將其盛起。

4. 炒鍋內再加入1大匙油燒熱,將牛蒡絲瀝乾水分後,下鍋翻炒至熟軟狀態,續加進牛肉絲以及鹽調味,拌炒均勻後,將其盛入盤中,灑上白芝麻、蔥絲增香,即可趁熱享用。

貼 心 叮 嚀

牛蒡具有促進排泄,改善便秘的功效。因為懷孕身體狀況產生了大變化,準媽媽們氣血若未均衡容易發生便秘,故宜多食用牛蒡⋯⋯等高纖維質的溫性蔬果,以利腸子蠕動促進排泄。

枸杞燉雞湯

● 材料 ●
枸杞3錢、紅棗12粒、雞腿1支

● 調味料 ●
鹽1/4小匙

● 作法 ●

1. 雞腿洗淨、剁塊狀，放入滾水中川燙，撈起以清水沖淨血水；枸杞、紅棗沖一下水，並以菜刀背將紅棗拍裂。

2. 將所有材料一同放入燉鍋內，注入5碗水，以大火煮開後改轉小火燉煮，至雞腿肉熟爛，續加進鹽調味，即可熄火，盛碗享用。

貼心叮嚀

此湯有促進造血、刺激機體生長的功能。因枸杞有明顯的保護肝腎及促進造血的功能，並刺激機體生長，同時還能降低血糖、血壓，改善生理活性，對懷孕初期的胚胎和母體皆具補益作用。

蔥油四物雞

● 材 料 ●

(1)當歸、熟地、川芎、炒白芍各2錢

(2)雞腿1支、蔥2支、薑1小塊

● 作 法 ●

1. 將材料(1)的藥材以清水快速沖洗淨，雞腿也洗淨。一同放進湯鍋內，注入4碗水，以大火燒開後改轉中火，煮至雞腿肉熟透，即可熄火。

2. 將雞腿撈出，待稍涼後，剁切成塊，排入盤中。

3. 蔥、薑洗淨，分別切細絲，將其灑在雞腿肉上。

4. 炒鍋內加入2大匙油燒滾熱，將其淋於雞腿上，即可享用。

貼 心 叮 嚀

此菜有治療貧血、防血虛體質虛弱的功效。因懷孕時孕婦比平時更容易出現貧血跡象，分娩時也會大量出血，故可多吃有養血的四物，能夠預防血虛體弱。

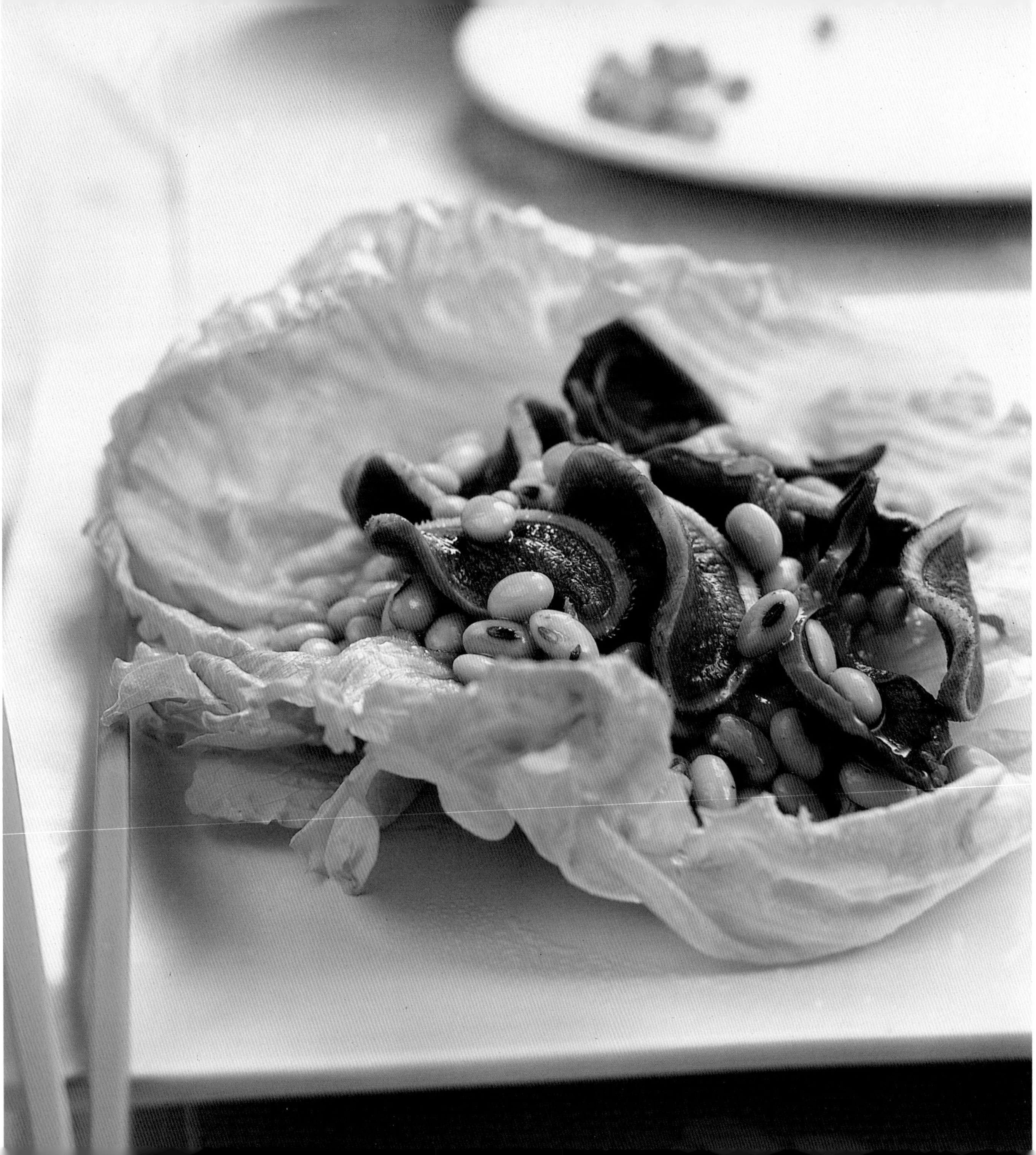

牛舌燉大豆

● 材 料 ●
牛舌1/2塊、雞胗3個、大(黃)豆2/3杯、西生菜2~3片、薑1小塊

● 調 味 料 ●
米酒4杯、麻油3杯

● 作 法 ●

1. 大豆洗淨放入鍋中，注入米酒4杯及熱開水1杯半，浸泡一夜。

2. 牛舌洗淨，放入熱水中川燙，取出以清水沖洗淨血水，切薄片備用。

3. 雞胗洗淨，也切薄片；薑洗淨連皮切成薑絲。

4. 鍋內放入麻油3杯加熱，接著放進薑絲煮至其呈褐色；將牛舌、雞胗、大豆連泡大豆的水一起加入，煮約1~2個小時，即可熄火。

5. 將西生菜排在盤子底，把牛舌片、雞胗及大豆撈出，放在菜葉上，趁熱享用。

貼 心 叮 嚀

大豆含有豐富的維他命A、B、C，是豆類中最有營養的一種，不妨經常食用；大豆和牛舌、雞胗一同烹煮，對感冒不易根治的孕婦，很有效果，但煮法最好採原味或單純鹹味。

帶芽牛肉湯

● 材 料 ●
牛絞肉半斤、乾海帶芽2大匙、白蘿蔔1/2條、大豆苗適量

● 調 味 料 ●
(1) 醬油1/4小匙、薑汁（或薑末）1/8小匙、蛋白1/3粒、太白粉1小匙、
　　白胡椒粉及香油各少許
(2) 鹽1/8小匙、香油少許

● 作 法 ●

1. 牛絞肉拌入調味料(1)，在不鏽鋼鍋中用力摔打約20次，即可移置冰箱內冷藏2小時。

2. 將牛絞肉取出，用手捏成小圓球狀。

3. 白蘿蔔削皮，洗淨後切小塊，放進清水中以小火煮15~20分鐘，即可熄火。

4. 海帶芽清水沖一下，瀝乾水分；大豆苗洗淨，瀝乾水分備用。

5. 將牛肉丸放入白蘿蔔湯中，以中小火煮開，續煮10分鐘，放進海帶芽同煮5分鐘，
即可加進鹽、香油調味，續放入大豆苗略煮，即可熄火裝碗，趁熱享用。

貼 心 叮 嚀

胡蘿蔔中的 β 胡蘿蔔素，經體內吸收轉化成維生素A，
對體質虛弱的孕婦有滋補及強壯的功效，還可幫助寶
寶初期的細胞分化；此外，海帶芽所含豐富鐵、鈣、
鋅、碘等礦物質，更可調整懷孕時的內分泌失衡。

蘿蔔排骨湯+燙肉

● 材 料 ●

白蘿蔔1條、胡蘿蔔1根、玉米1根、排骨半斤、里肌肉片適量

● 調 味 料 ●

鹽少許

● 作 法 ●

1. 排骨洗淨，放入熱水中川燙，取出以清水沖洗淨血水。

2. 白、胡蘿蔔削皮、洗淨，切滾刀塊，玉米洗淨切圈狀。

3. 將所有材料一起放進鍋內，注入清水(水量需蓋過材料)，
   大火煮滾後改轉中小火煮約40分鐘，即可熄火。

4. 盤子內灑上一層薄鹽，備用。

5. 食用時，只需將蘿蔔排骨湯再次滾沸，把里肌肉片放入湯中燙熟，
   即可取出，放進盤子內沾少許鹽享用。

貼 心 叮 嚀

蘿蔔排骨湯可於前一晚煮好，再將里肌肉片拿至冷藏
室退冰，第二天要食用時，只需將湯回熱，燙熟里肌
肉片，再加炒個青菜，對孕婦來說，就是一餐營養均
衡又富含鈣質的美味享受。

醃肉蒸飯

● 材 料 ●
里肌肉半斤、蒜頭3瓣、蔥絲少許

● 調 味 料 ●
米酒半瓶、鹽及醬油各適量

● 作 法 ●

1. 蒜頭剝除外皮,切成碎末;里肌肉切薄片,備用。

2. 將里肌肉片、蒜末、米酒、鹽及醬油,放入大碗中拌勻,浸醃約2小時。

3. 鍋中水燒開,架上蒸架,將醃入味的里肌肉片取出,放進盤子內,移入蒸架上,蒸約20分鐘,即可取出,享用時可撒上蔥絲,搭配白飯與青菜,營養更充足。

貼 心 叮 嚀

此里肌肉片可於前一晚浸醃好,放進冰箱內冷藏;第二天早起時,可以將醃肉與白米採一上一下方式放入傳統電鍋內蒸熟,再加炒個青菜,便很營養美味。

Chapter 3

魚類午餐 高鈣、蛋白質的輕午餐

午餐的口味及營養，
就交給魚類來補充吧！
低熱量、又擁有豐富的優良蛋白質，
帶給妳及寶寶輕鬆的享受。
同時服用莊老師「喜寶」，
讓珍珠粉鈣補充妳及寶寶最需要的鈣質。

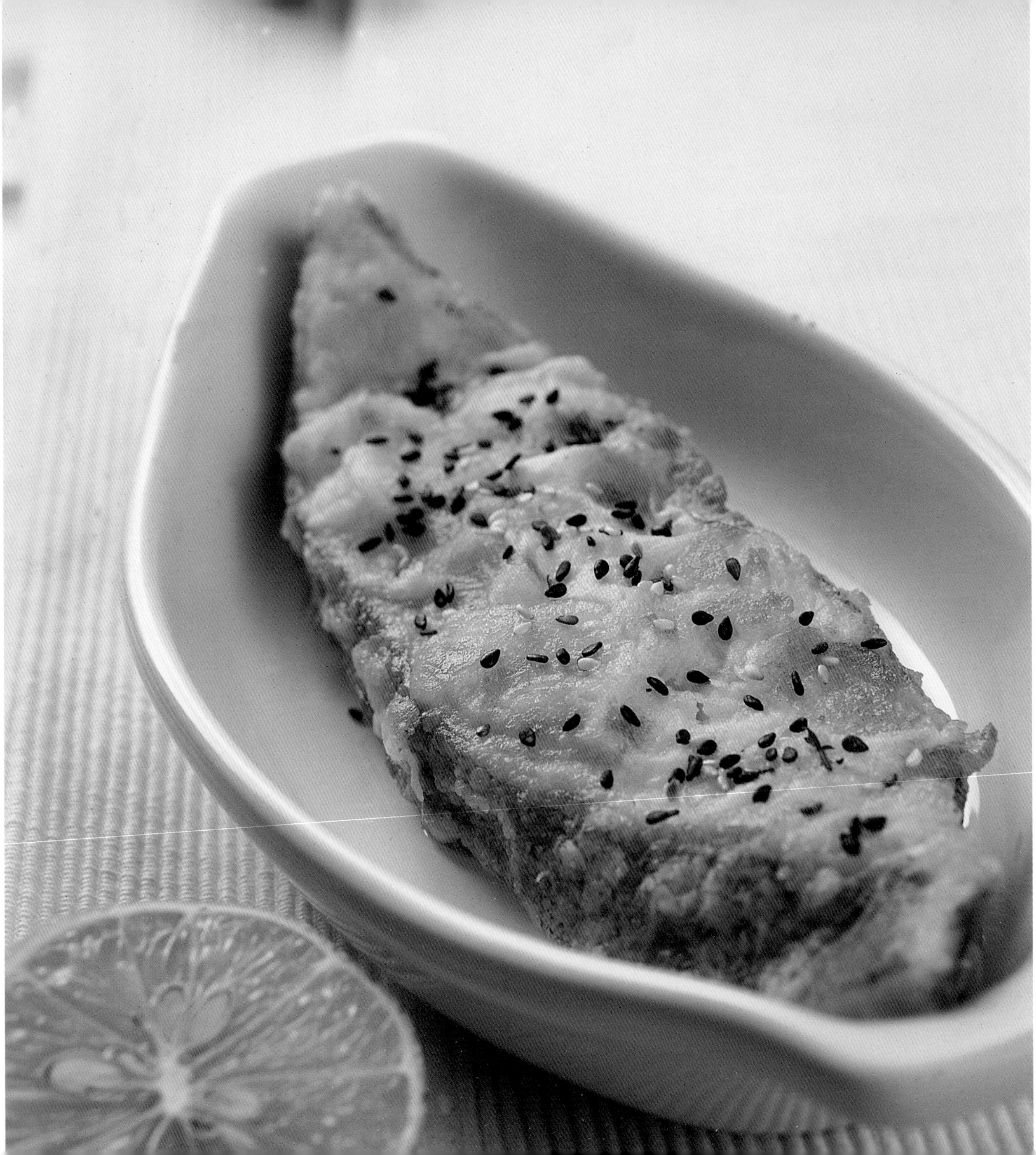

香煎鱈魚

● 材 料 ●
鱈魚1片、雞蛋1個、麵粉3大匙、白芝麻少許、檸檬1/2顆

● 調 味 料 ●
鹽1/4小匙、白胡椒粉少許

● 作 法 ●

1. 鱈魚洗淨，以紙巾拭乾多餘水分，在魚身兩面均勻抹上鹽及白胡椒粉。

2. 雞蛋打散，將鱈魚兩面薄薄裹上一層蛋液，再灑上白芝麻，最後沾取適量乾麵粉。

3. 平底鍋倒入少許油燒熱，放入鱈魚以中小火將鱈魚兩面煎至呈金黃色澤，
   即可熄火，取出裝盤。

4. 享用時，可擠上少許的檸檬汁，讓鱈魚口感更加鮮美。

貼 心 叮 嚀

鱈魚不僅肉質纖細，且有豐富的魚油和蛋白質，對小寶寶發育初期的成長很有助益，準媽媽們不妨多多食用。

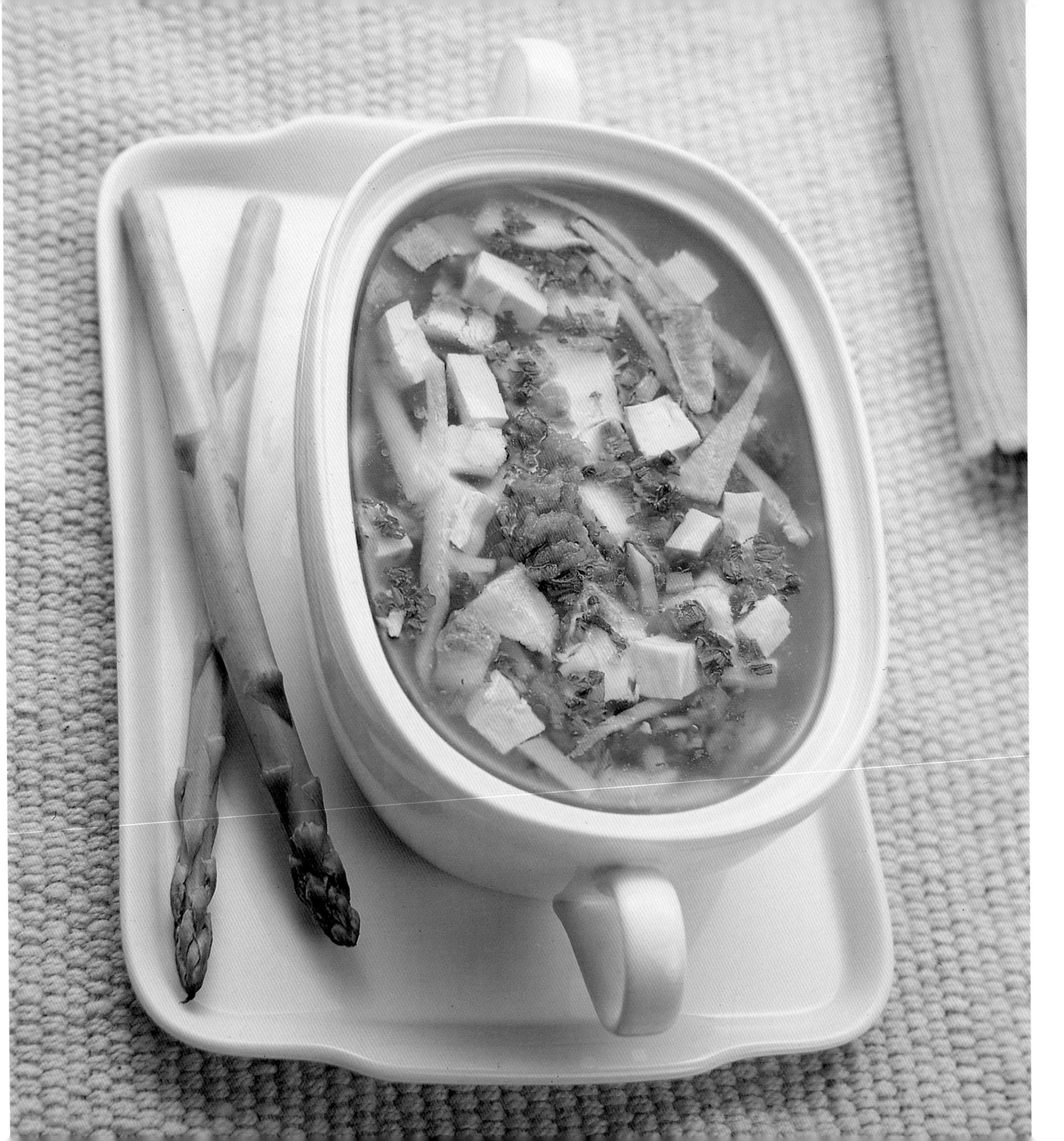

翡翠魚羹

● 材 料 ●
(1)黃魚1條、雪裡紅(切碎)2大匙、豆腐1塊(約10塊錢份量)、冬筍(小)半支
(2)薑3片、素蟹黃(紅蘿蔔末)適量

● 調 味 料 ●
鹽1/4小匙、太白粉水適量

● 作 法 ●

1. 黃魚可請魚販幫忙刮去鱗片、掏除魚腮；回家後再以清水洗淨，
   並將兩側的魚肉片下來，切成1.5公分見方的小丁。

2. 豆腐切丁；筍洗淨、切絲，備用。

3. 鍋中放入薑片，注入適量的清水，水煮開後續滾約1分鐘，把薑片撈除。

4. 把所有材料(1)放入作法3中，煮開後加入鹽調味，再淋入適量的
   太白粉水勾芡，即可熄火盛碗，點綴素蟹黃，趁熱享用。

貼 心 叮 嚀

黃魚也可以鱈魚代替，烹煮出來的滋味一樣鮮美。
魚類的蛋白質屬優良蛋白質，而豆腐除豐富鈣質
之外，還含有錳、磷、鐵和維生素E，是營養非常
均衡，熱量又低的食物，準媽媽們可多多攝取。

紫蘇梅蒸魚

● 材 料 ●
七星鱸魚(小)1條、紫蘇梅6~8粒、蔥2支、薑絲適量

● 調 味 料 ●
紫蘇梅汁4大匙、蠔油1/4大匙、香油1/4小匙、水1/2杯、太白粉2大匙

● 作 法 ●

1. 鱸魚洗淨,放入滾水中川燙(可去除魚身的黏液),撈起瀝乾水分。

2. 蔥切細絲;調味料混合均勻,備用。

3. 在鱸魚兩面各灑上少許鹽,放進盤中,鋪上薑絲、紫蘇梅。

4. 鍋中水燒熱,架上蒸架,把鱸魚連盤一起移入鍋中,
以大火蒸約10~12分鐘,即可取出,把薑絲夾除。

5. 炒鍋預熱,倒入調味料煮開後,將其盛起淋在鱸魚表面,
再灑上些許蔥絲,即可享用。

貼心叮嚀

鱸魚可滋補五臟,有益筋骨,還能益肝臟治水氣;
本身又屬於優良蛋白質,對懷孕的胚胎分化很有
幫助。此外,以紫蘇梅蒸魚,能幫助準媽媽減輕
嘔吐,促進食慾。

豆豉蒸鮮魚

● 材 料 ●

赤鯮1尾、嫩薑1小塊、豆豉1小匙、紫蘇葉1小把(新鮮或乾燥皆可)

● 調 味 料 ●

鹽1/8小匙

● 作 法 ●

1. 將嫩薑洗淨,削去外皮,切成細絲狀;紫蘇葉洗淨,以廚房用餐巾紙
   擦乾水分後,排放盤中。

2. 赤鯮洗淨(可請魚販幫忙去鱗、掏腮),瀝乾水分,在魚身兩面均勻
   抹上一層薄鹽,放置另一盤子內,再將薑絲、豆豉灑在魚身上。

3. 鍋中水燒開,架上蒸架,將放有赤鯮的盤子移入,以大火蒸約10分鐘,
   即可取出,將赤鯮魚改移置紫蘇葉上,趁熱享用。

貼心叮嚀

此菜可防治傷風感冒。因懷孕時,孕婦的抵抗力較弱,
易受風寒,一但感冒咳嗽,為確保胎兒健康、發育完整,
不得亂服成藥;此時便可利用豆豉、紫蘇、薑、或是
蔥白……等具去風邪的食材來保護氣管,防治感冒。

白菜魚頭鍋

● 材 料 ●

鰱魚頭半個、大白菜(小)1顆、豆腐1塊(約買10塊錢份量)、香菇3朵、薑1小塊、黑木耳1大片、青蒜2支、冬粉及熟三層肉片各適量、香菜少許(裝飾)

● 調 味 料 ●

(1)醬油2大匙、地瓜粉1杯
(2)鹽、米酒、香油及白胡椒粉各少許

● 作 法 ●

1. 大白菜逐葉洗淨，切大塊狀；香菇洗淨，以洗水泡軟後切絲。

2. 薑洗淨、去皮切片；木耳洗淨切絲；青蒜洗淨切斜段。

3. 鰱魚頭洗淨，以紙巾擦乾水分，倒入醬油抹勻，再沾上地瓜粉，入油鍋中炸(或煎)至外表呈金黃色澤，即可取出。

4. 利用鍋中餘油，爆香薑片，加入調味料(2)及香菇絲，再放進大白菜、鰱魚頭及其餘材料，並注入適量清水，蓋上鍋蓋熬煮約1小時；最後放進豆腐、三層肉片、冬粉及青蒜段煮一下，即可熄火，撒上香菜，趁熱享用。

貼 心 叮 嚀

此湯品甘美無比，完全不需加味精，且所放的材料豐富，煮一鍋就能吃到所有營養，對孕婦來說非常方便；若家中有砂鍋，可直接把魚頭放入，再倒入煮至半軟的大白菜和湯汁，繼續熬煮，更加鮮甜入味。

山藥味噌魚片湯

● 材 料 ●
石斑魚(紅鯛)片4兩、山藥1段、乾海帶芽1大匙

● 調 味 料 ●
味噌3大匙

● 作 法 ●

1. 山藥削皮切塊狀;海帶芽清水沖一下,瀝乾水分。

2. 湯鍋內注入清水,將味噌放入,以湯匙攪拌至味噌全部融入水中。

3. 將山藥放進味噌湯內,把湯鍋移至爐上以大火煮開,轉中小火煮約 12～15分鐘,至山藥熟軟(喜歡吃口感脆一點的,可煮約6分熟即可)。

4. 續加進海帶芽、石斑魚片煮約2分鐘,即可熄火盛碗,趁熱享用。

貼 心 叮 嚀

山藥可幫助消化、增加體力,更能滋補脾胃,是非常好的強身食材,很適合孕婦。味噌是種健康酵母食物,除幫助開胃,更可促進腸胃的抵抗力,預防疾病;但烹調味噌時應留心其鹽份的濃淡,以免攝食過多,反造成妊娠高血壓或水腫。

香菇魚片粥

● 材 料 ●
草魚肉片4兩、白米1/2杯、蔥1支切段、薑1片、香菇絲、胡蘿蔔絲及香菜各少許

● 醃 料 ●
太白粉1/2小匙、醬油、白胡椒粉及香油各少許

● 調 味 料 ●
香油1/4小匙、鹽少許

● 作 法 ●

1. 草魚片拌入醃料,靜置冰箱內冷藏;白米洗淨,備用。

2. 將白米、蔥、薑一同放入鍋中,注入清水,以大火煮開後,改轉小火煮約15分鐘,續加入香菇絲、胡蘿蔔絲同煮10分鐘,即可熄火。

3. 另煮一鍋滾水,放入草魚片川燙熟,即撈起放入作法2中。

4. 把粥裡面的蔥、薑撈除,加入鹽及香油調味,即可裝碗並撒上香菜,趁熱享用。

貼心叮嚀

草魚有安撫情緒、滋補身體的功效,食療性極佳,可多食用。而香菇的蛋白質含量比一般蔬菜高10倍,但若孕婦有過敏現象,則應減少食用香菇,以避免過敏加重。

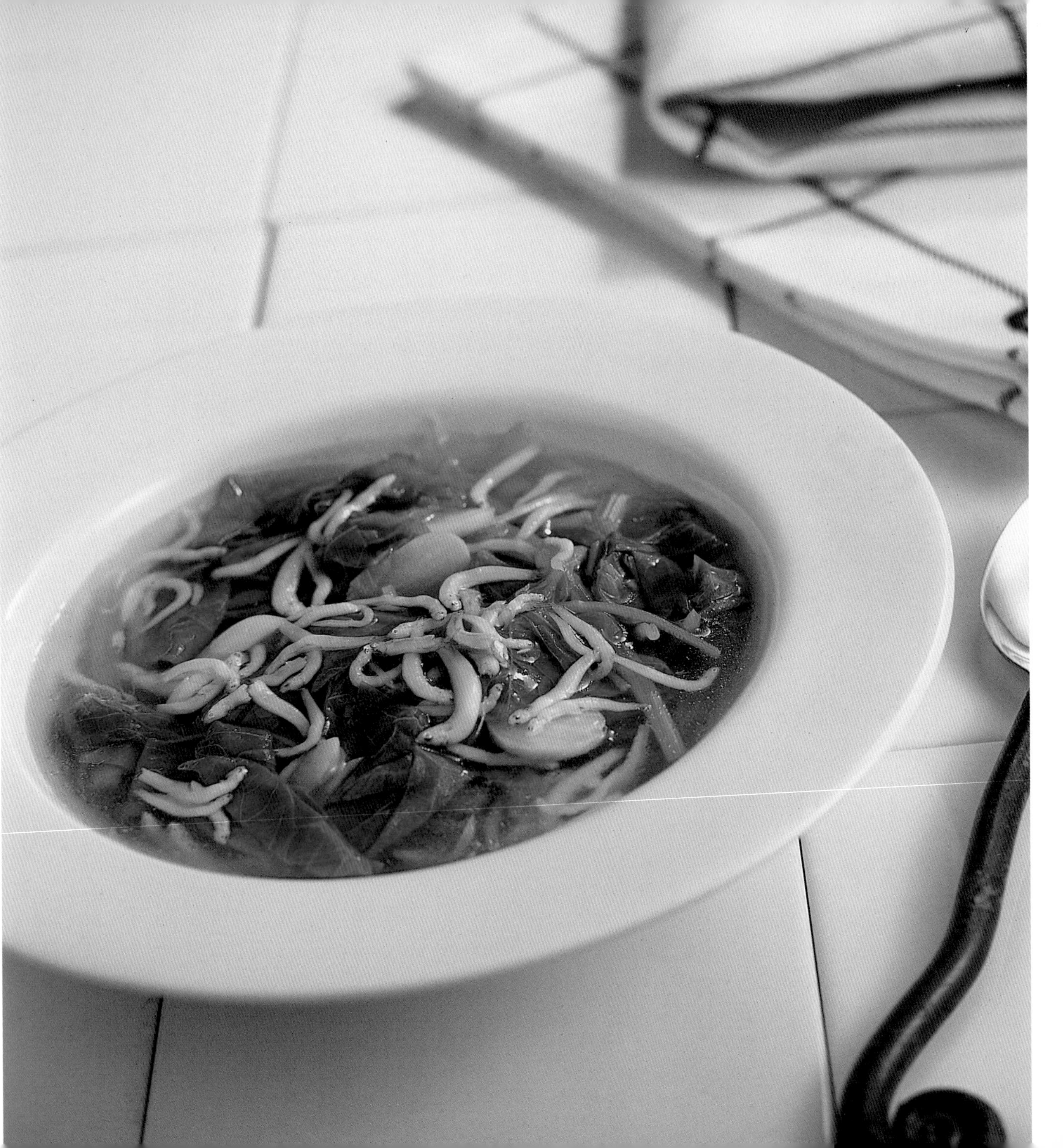

銀魚莧菜羹

● 材 料 ●

莧菜1把(約半斤)、銀魚(吻仔魚)1~2兩、蒜頭2瓣

● 調 味 料 ●

鹽1/8小匙、白胡椒粉少許、太白粉水適量

● 作 法 ●

1. 莧菜挑揀好，洗淨並切小段；蒜頭剝除外皮、切片，備用。

2. 鍋中放入少許油燒熱，放入蒜片爆香後，加進莧菜翻炒，
   續加入適量的清水燜一下。

3. 待鍋中湯汁煮開、莧菜燜軟後，即淋入太白粉水勾芡，加入吻仔魚和鹽、
   白胡椒粉調味，即可熄火盛碗，趁熱享用。

貼 心 叮 嚀

銀魚即吻仔魚，含有豐富的鈣質，準媽媽應多攝取，
以免鈣質不足，引起腳部抽筋。

Chapter4
青菜與貝類晚餐 只要營養不要負擔

不妨以青菜、貝類，
當作晚餐的主軸，
清淡的口感及少量攝取，
讓妳和寶寶營養均衡無負擔。
同時搭配莊老師「喜寶」，
在重質不重量的飲食原則下，
能充分補充妳及寶寶所需的營養。

56

涼拌九孔

● 材 料 ●
(1)九孔半斤
(2)蔥2支、薑3片、大蒜4瓣

● 調 味 料 ●
醬油膏1/2小匙、醬油1小匙、醋1大匙、麻油1大匙

● 作 法 ●

1. 將九孔外殼洗淨，放入滾水中，煮至稍開口，即可撈起，瀝乾水分，裝入盤中。

2. 材料(2)均切碎，與調味料拌勻，淋在九孔上，即可享用。

貼 心 叮 嚀

九孔在海鮮內，算是高級品，怕一次吃不完，可將
沒吃完的九孔與排骨、薑片、枸杞同煮，營養美味
又不浪費。另外，九孔的外殼歷經潮浪拍打屬精華
所在，最好能一塊烹煮，才能吸收到完整的營養。

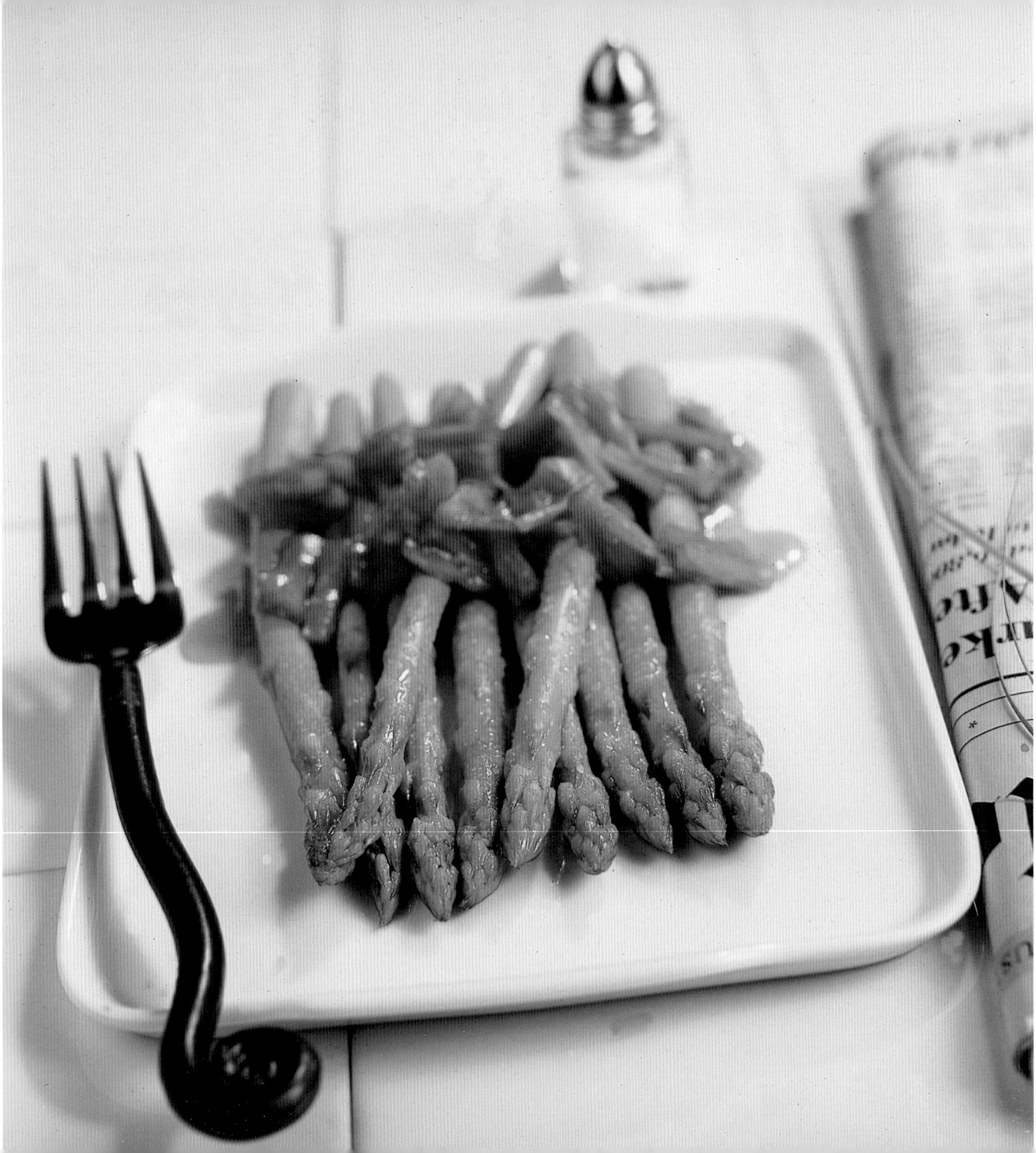

干貝燴蘆筍

● 材 料 ●

綠蘆筍半斤、乾干貝6~8粒

● 調 味 料 ●

鹽1/8小匙、醬油1/2小匙、蠔油1/4小匙、香油1/2小匙、太白粉水適量

● 作 法 ●

1. 干貝泡水10分鐘,換清水續泡2小時; 綠蘆筍洗淨,切去較老的根部。

2. 將干貝放進電鍋內隔水蒸約30分鐘後,取出放涼。

3. 燒一鍋滾水,放入綠蘆筍大火川燙2分鐘,撈起瀝乾水分,將其排入盤中。

4. 調味料混合均勻,倒入炒鍋內燒開,續加入干貝及干貝汁煮約1分鐘,
   即可熄火,將其盛起淋於綠蘆筍上,趁熱享用。

貼 心 叮 嚀

干貝含有蛋白質及鋅,對寶寶性器官的發育很有幫助;它又
能穩定孕婦的情緒,平衡內分泌及賀爾蒙;蘆筍中有豐富
葉酸及維生素C、E,可預防媽媽貧血及寶寶神經管損害,
但蘆筍中含普林,若是尿酸過高的孕婦,就必須適量食用。

枸杞蔥燒海參

● 材 料 ●
(1)海參2條、熟筍(小)1支、蔥2支、枸杞適量、豌豆仁少許
(2)蔥1支切段、老薑4片、米酒1小匙

● 調 味 料 ●
(1)高湯1杯
(2)蠔油1/2大匙、鹽1/8小匙、米酒1小匙
(3)太白粉水適量

● 作 法 ●

1. 熟筍切粗條；蔥洗淨、切小段；枸杞和豌豆仁洗淨，備用。

2. 海參切開腹部，將腸砂洗淨，再將每一條海參直切為四長條。

3. 將材料(2)連同適量清水，一同放進湯鍋中，以大火燒開後，
   放入海參煮約5分鐘，即可撈起瀝乾水分。

4. 炒鍋內放1大匙油燒熱，放進蔥段爆成淺黃色，加入枸杞快炒出味，再加入海參及
   熟筍翻炒，最後加入高湯和調味料(2)，轉大火煮開，蓋上鍋蓋燒約10~15分鐘。

5. 掀開鍋蓋，放入豌豆仁略煮30秒，淋入太白粉水勾芡拌勻，即可熄火，裝盤享用。

貼 心 叮 嚀

無膽固醇、低脂肪的海參，含有胺基酸、礦物質、碘及
膠質軟骨素，對胎兒皮膚的生長很有助益。枸杞則含有
大量的維生素B群，對孕婦有安定情緒的療效，但不宜
食用過量，以免容易上火。

菜豆高鈣粥

● 材 料 ●

菜豆50公克、豬肉絲25公克、白米1/2杯、乾香菇1朵、蔥1支切段、
胡蘿蔔絲少許、高鈣高湯500cc

● 調 味 料 ●

鹽1/2小匙、白胡椒粉及香油各適量

● 作 法 ●

1. 菜豆摘去頭尾硬絲,洗淨後切小段;香菇洗淨放入清水中,泡軟後取出切絲。

2. 白米洗淨,與蔥、高湯一同放進鍋中,大火煮滾後,改轉中小火煮約20分鐘,
   放入菜豆及香菇絲續煮10分鐘。

3. 最後放入豬肉絲、胡蘿蔔絲拌開後,煮約5分鐘,加入調味料拌勻,
   即可熄火,盛碗享用。

貼 心 叮 嚀

菜豆可補充貧血女性所需的鐵質,因此懷孕的準媽媽們可多食用。
而此處所用的高鈣高湯,濃度高、鈣含量驚人,建議可一次大量
燉煮,再分袋放入冷凍庫內保存,要用時再取出退冰。
高鈣高湯的作法如下:
取整付豬骨(豬大骨、脊椎骨、龍骨、尾冬骨),
小魚乾(份量為豬骨的1/10;懷孕末期的孕婦建議改用丁香魚),
以及豬骨份量12倍的清水,合燉6小時(燉煮過程中可酌加
2大匙白醋,使豬骨中的鈣質釋出)。

荷葉棗仁粥

● 材 料 ●
(1)絞肉3兩、雞蛋1個、香菇1朵、胡蘿蔔絲適量、白米1杯(量米杯)、香菜少許
(2)乾荷葉1兩、酸棗仁2錢、伏苓2錢

● 調 味 料 ●
鹽1/4小匙

● 醃 料 ●
鹽1/8小匙、醬油1/2小匙、香油1/2小匙、太白粉少許

● 作 法 ●

1. 荷葉、酸棗仁、伏苓以清水沖洗一下,放進湯鍋內,注入6碗水,
   熬煮至約剩4碗水的份量,即可熄火,將藥渣撈除。

2. 雞蛋打散,倒入平底鍋中煎成蛋皮,取出後切絲;香菇去蒂洗淨,清水泡軟後切絲。

3. 絞肉拌入醃料,混合均勻,略醃5分鐘,以湯匙舀取適量,放置手掌中揉成肉丸子。

4. 白米洗淨,放進作法1的藥汁內,大火煮滾後,放入香菇、肉丸子及胡蘿蔔絲,
   再次滾沸後改轉中小火,煮至白米糜爛,加入鹽調味,即可熄火。

5. 將煮好的粥盛入碗中,放些蛋皮絲及香菜,即可趁熱享用。

貼心叮嚀

此粥品有改善失眠、心悸等現象的功效。因孕婦常見
心氣不足、嘆息、胸口發悶,甚至心悸、怔忡、恐慌
不安等情況,故可多食此粥品,來緩解心氣、壓力、
消除恐慌,幫助睡眠的安穩。

高麗參雞粥

● 材料 ●

糯米1杯(量米杯)、高麗參3錢、山藥1小段、蒜頭5粒、
雞胸肉絲4兩、枸杞及松子各適量

● 調味料 ●

鹽1/4匙

● 作法 ●

1. 糯米洗淨,注入清水(水量要蓋過糯米)浸泡約1小時,將水倒掉只留糯米。

2. 高麗參放進平底鍋內,以乾烤方式烤熱,取出切片(也可先請藥房切片,再烘烤);
   枸杞清水沖一下。

3. 山藥削皮,清水沖洗後切滾刀塊;蒜頭剝除皮膜、拍碎,備用。

4. 將高麗參及蒜頭放入糯米中,注入清水5碗,大火煮開後,續放入山藥和
   雞胸肉絲,再次滾沸後,改轉中小火,放進枸杞,煮至糯米糜爛,
   加入鹽調味,即可熄火,盛碗享用時可撒上少許松子增香。

貼心叮嚀

此粥品有緩和腹部下墜,益胎兒心氣的功效。懷孕時孕婦
有腹部下墜感是正常現象,然而下墜太過,
壓迫孕婦膀胱,會影響胎兒健康,故可多食用此粥,
幫助提氣補陽,保護子宮周圍組織的支撐力,
並能有效穩定孕婦心神,免於心悸怔忡,有益胎兒心氣。

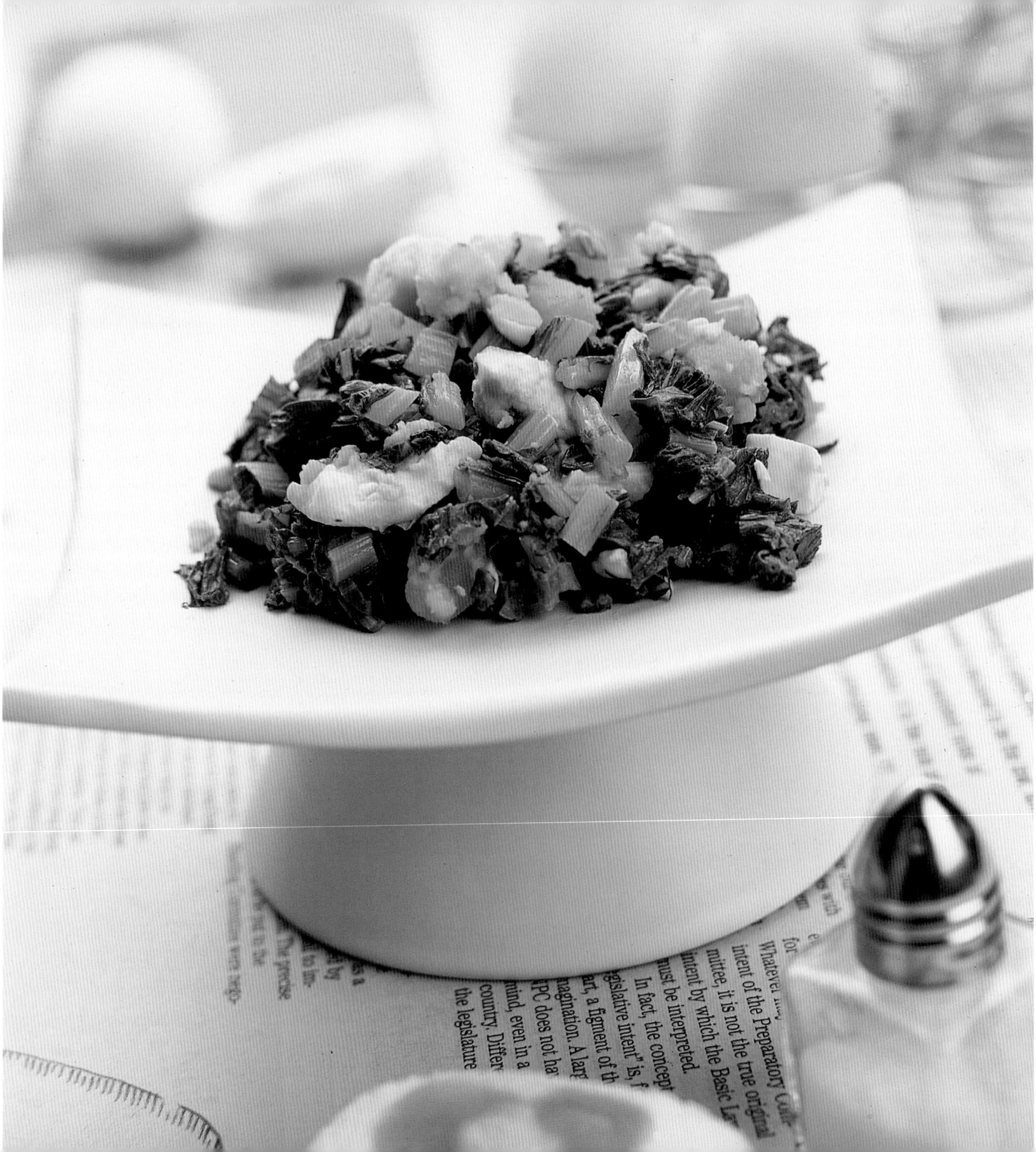

黃金菠菜

● 材 料 ●

菠菜1把(約半斤)、熟鹹蛋1個

● 作 法 ●

1. 將鹹蛋的蛋黃與蛋白分開,蛋黃切小丁,蛋白放入碗中以筷子攪散。

2. 菠菜挑揀好並洗淨,切成碎段,備用。

3. 炒鍋內加少許油燒熱,放入鹹蛋白,將其炒成如蛋花般散開,盛起備用;續放入鹹蛋黃爆香至半熟狀態,也盛起備用。

4. 利用鍋中餘油燒熱,先放進菠菜莖部翻炒至半熟,續放入菠菜葉快炒,最後加入鹹蛋黃與蛋白拌炒一下,即可熄火,盛盤享用。

貼心叮嚀

菠菜含有極為豐富的維生素A、C及礦物質,對於貧血的孕婦來說,是一種容易取得又容易烹調的材料;菠菜挑選時移挑根部略帶紅色者為佳。而鹹蛋下飯,能讓食慾不振的準媽媽們胃口大開,但不可多食,以免攝取過多鹽分。

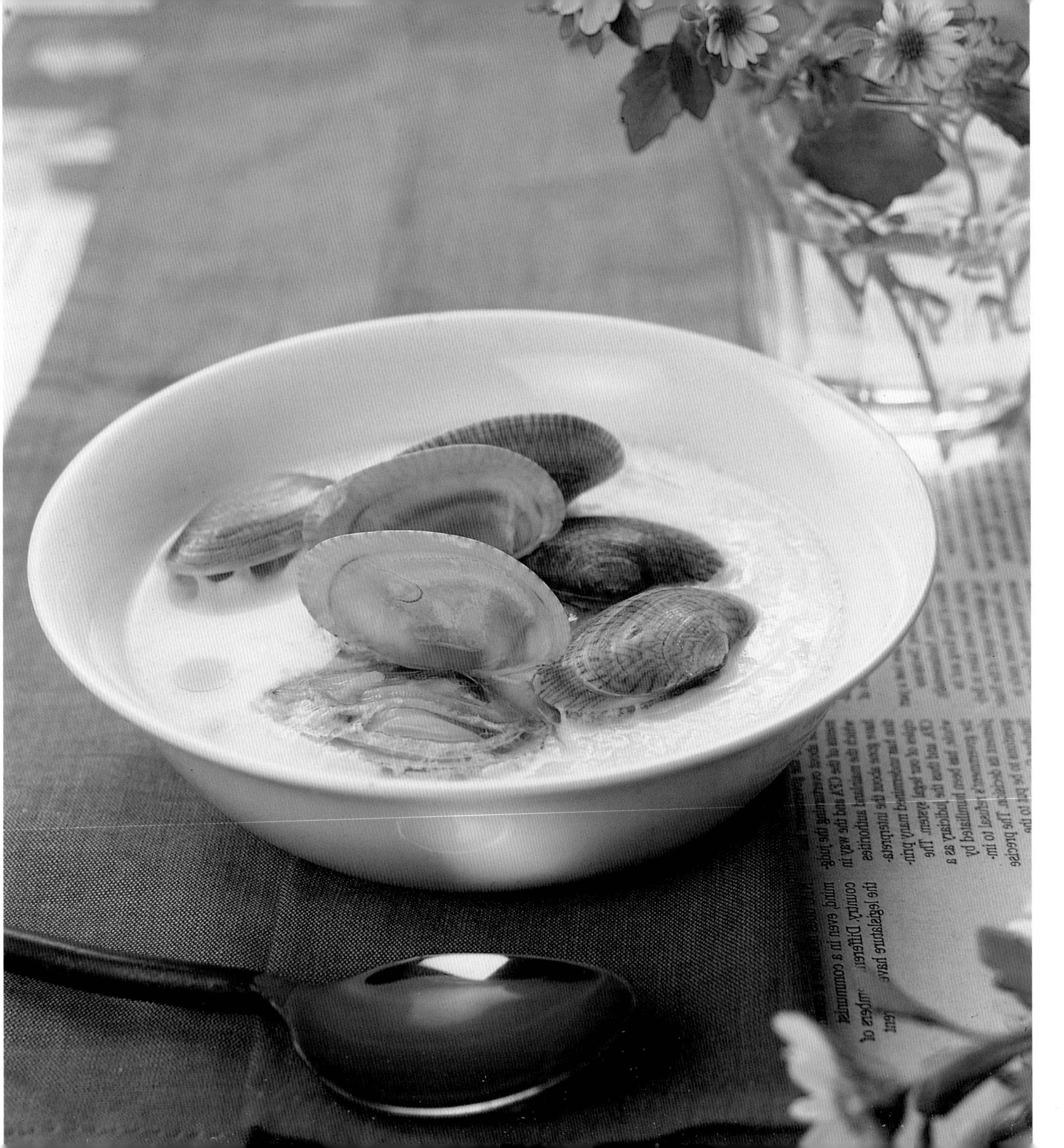

海瓜子蒸蛋

● 材 料 ●
海瓜子6~8顆、雞蛋2個、高湯適量

● 調 味 料 ●
鹽1/8小匙、香油1/8小匙

● 作 法 ●

1. 將雞蛋及調味料混合打勻，以細鐵網杓過篩1~2次，再加入高湯調勻。

2. 讓海瓜子吐沙乾淨，並將外殼洗淨，備用。

3. 將蛋液倒入大碗中，放入海瓜子，碗口以保鮮膜封住，放入電鍋內，
隔水蒸約8~10分鐘，即可取出享用。

貼 心 叮 嚀

海瓜子含有豐富的鋅，不僅對胚胎成長有益，也可幫助
孕婦賀爾蒙的補充。

Chapter5

孕婦症狀對策

不論是害喜、嘔吐，
或是半夜抽筋、四肢無力、
疲累想睡覺......等等，
親愛的媽咪，
千萬別被這些惱人的懷孕症狀打敗了，
就讓我們一起藉由適當的飲食，
改善這些考驗妳耐力的症狀吧！

害喜

白蘿蔔汁燉蓮藕豬心干貝湯

● 材 料 ●

蓮藕7小節、豬心1個、乾干貝7粒、白蘿蔔汁適量
(以能蓋過所有材料為主，或者直接以白蘿蔔1~2條、切塊代替也可以)、香菜少許(裝飾)

● 調 味 料 ●

鹽1/4小匙

● 作 法 ●

1. 蓮藕洗淨，切段不切片，切段時並需保留住兩頭的節，以保住養分。

2. 豬心洗淨，切成7塊；干貝以清水沖淨。

3. 將所有材料連同白蘿蔔汁，一同放入鍋內，蓋上鍋蓋(或保鮮膜)，
   移入電鍋內隔水蒸約1小時。

4. 取出燉好的白蘿蔔汁燉蓮藕豬心干貝湯，加入鹽調味，即可盛碗享用。

貼心叮嚀

此湯為7天份，需連續吃完。此湯的主要作用在通氣、調整
上呼吸器官的神經黏膜，使內分泌協調。燉好的蓮藕及
豬心，可切成薄片，連同白蘿蔔湯一起享用，可以當正餐
的湯或肚子餓時的點心，但必須在晚餐前吃完。

白蘿蔔汁干貝粥

害喜

● 材 料 ●

白蘿蔔汁3杯、白米1/2杯、乾干貝1粒、香菇絲及紅蘿蔔絲各適量、香菜少許(裝飾)

● 調 味 料 ●

鹽及白胡椒粉各少許

● 作 法 ●

1. 白米洗淨，浸泡清水1小時；干貝先泡水10分鐘，再換1碗水續泡2小時。

2. 將白米水瀝乾，注入白蘿蔔汁，以及干貝和泡干貝水，放入鍋中以中火煮約40分鐘。

3. 續加入香菇絲、胡蘿蔔絲，繼續煮約20分鐘，待米粒糜爛，加入鹽及白胡椒粉調味，即可熄火盛碗，撒上香菜，趁熱享用。

貼 心 叮 嚀

此粥有預防及減輕害喜症狀的功效，因白蘿蔔可除脹氣，
干貝能安定神經，而少許白胡椒粉則可以促進腸胃蠕動，
但千萬不可加有刺激作用的黑胡椒調味。

抽筋 蕃茄燉牛筋

● 材 料 ●

紅蕃茄2斤、牛筋半斤、洋蔥1/2個、青豆仁1/2杯、老薑1片、米酒1瓶

● 調 味 料 ●

鹽少許、黑胡椒粉1/8小匙(可加可不加)

● 作 法 ●

1. 蕃茄洗淨，削去外皮(也可不削皮)，切塊狀；牛筋洗淨，瀝乾水分。

2. 洋蔥切絲狀；青豆仁清水沖淨，備用。

3. 將牛筋、紅蕃茄、洋蔥、老薑及米酒，放入湯鍋中，以大火煮滾後，
   改轉小火並蓋上鍋蓋，繼續燉煮2小時，掀開鍋蓋放入青豆仁續煮10分鐘，
   加入鹽調味，即可熄火，盛碗趁熱享用。

貼 心 叮 嚀

懷孕時期，之所以會發生抽筋現象，主要是因為體內缺乏鈣質，
此外，脹氣也會引起抽筋。故建議孕婦應多吃鈣質豐富的食物，
同時睡前可以米酒薑汁泡腳，睡覺時穿襪子保暖....等方式改善。
此菜可於1~2天內食用完畢，還可搭配白煮麵線一塊享用，
就是很飽足的一餐。

妊娠高血壓

白蘿蔔汁燉豬腸干貝湯 【2天份】

● 材 料 ●

白蘿蔔汁6杯、豬大腸1條(約150公克)、豬小腸1截(約150公克)、乾干貝2粒

● 調 味 料 ●

鹽少許

● 作 法 ●

1. 干貝先泡水10分鐘,換1碗水續泡2小時。

2. 豬小腸洗淨外表,用筷子把腸子內面翻出,沖洗淨;灑上麵粉及鹽(比例為15:1),靜放20分鐘(此時腸子和麵粉會結成塊狀)。

3. 以清水沖洗淨腸子內面的麵粉塊,再將腸子翻回外面;將小腸每隔2公分打一個節。

4. 大腸以同樣方法處理乾淨後;將小腸及大腸放入滾水中川燙,撈起瀝乾水分。

5. 把所有材料放入鍋內,隔水蒸約1小時,加入鹽調味,即可熄火;吃時將腸子切小段,連同湯汁分次享用。

貼 心 叮 嚀

想控制妊娠高血壓,便要由利二便(大小便)著手;此湯品可幫助通氣,排氣、排便順暢了,自然對血壓下降有幫助。建議最好吃上7~10天,讓血壓恢復正常才停止。

白蘿蔔汁燉牛蒡 感冒

● 材 料 ●
白蘿蔔汁2杯、牛蒡1/2條、蔥2支(取蔥白部分)、薑2片、陳皮(與蔥白等量)

● 調 味 料 ●
鹽及白胡椒粉各少許

● 作 法 ●

1. 牛蒡洗淨、削皮，切成薄片並放入清水中浸泡
   (水中可滴幾滴白醋，防止牛蒡變黑)；蔥白切段。

2. 將所有材料放入湯鍋內，以小火燉煮約40分鐘，
   即可熄火。

3. 將湯汁過濾進保溫容器中(只保留牛蒡)，
   並在一天內將湯汁喝完，牛蒡也要吃掉。

貼心叮嚀

蘿蔔可消脹氣；牛蒡可消氣，排除毒素；蔥白可通陽、通氣；薑可助發汗；陳皮有利氣之用，將這些材料合燉湯品，在有感冒症狀時，連續吃上2~3天，讓毒素排乾淨，感冒症狀自然減輕。

大腸頭綠豆捲 【1天份】 溢疹

● 材 料 ●

大腸頭1條(約150公克)、綠豆5大匙(約75公克)

● 作 法 ●

1. 綠豆洗淨,泡水8小時。

2. 大腸洗淨外表,用筷子把腸子內面翻出,沖洗淨;灑上麵粉和
    鹽(比例為15:1),靜放20分鐘(此時腸子和麵粉會結成塊狀)。

3. 以清水沖洗淨腸子內面的麵粉塊,再將腸子翻回外面。

4. 將大腸尾端拿綿線綁緊,填入綠豆(不可太滿,約一半即可,
    此乃因蒸時大腸會縮小,而綠豆卻會膨脹),再將另一端也綁緊。

5. 將填有綠豆的大腸,放入盤中,隔水蒸約40分鐘,
    即可取出切片食用。

貼 心 叮 嚀

大腸頭可恢復腸子的蠕動,幫助排除體內廢氣、廢物;綠豆則有補肝、解毒的功效。此菜最好能連續吃上10天,直到症狀減輕為止,故建議可一次多做幾天的份量,再依量分天食用。

赤小豆燉鯉魚 水腫

● 材 料 ●

鯉魚1條、紅豆適量(份量以鯉魚重量的1/5為準,但若水腫嚴重者需加量)、薑絲少許

● 作 法 ●

1. 紅豆洗淨,泡水8小時;煮成紅豆湯,備用。

2. 將鯉魚洗淨,連同薑絲一起放入紅豆湯內,
   大火煮滾後,改轉中火煮至鯉魚熟,
   即可熄火,盛碗享用。

貼心叮嚀

紅豆與鯉魚同煮的滋味,不僅特別
而且美味,營養完整之外,又達到
代謝功能,能減輕水腫的困擾。

紫米紅豆羹　水腫

● 材 料 ●
紫米1/4杯、紅豆1/2杯、百合6~8片

● 調 味 料 ●
糖適量

● 作 法 ●
1. 將所有材料全部洗淨，放入鍋中，注入清水，
　浸泡約2小時。

2. 把泡軟的材料以大火煮開，蓋上鍋蓋並改轉小火，
　續煮約40分鐘，待所有材料熟透，加入糖續煮5分鐘，
　即可熄火，盛碗享用。

貼心叮嚀

紅豆所含維生素B及鉀元素，有強心、利尿的功效。若是血糖較高的孕婦，煮紅豆時最好不要加糖，而水腫嚴重的準媽媽，則建議多吃紅豆飯、紫米紅豆羹，少喝紅豆湯，以免造成飲水量過多。

綠豆水 【體重60公斤孕婦】

妊娠糖尿病

● 材料 ●

綠豆1/4杯(約60公克)、冷開水2杯半(約600c.c.)

● 作法 ●

1. 綠豆洗淨後,加入冷開水浸泡8小時。

2. 將綠豆水均勻攪拌後,把水濾出,並在一天內喝完。

貼心叮嚀

孕婦體重每1公斤,需用1公克綠豆,每1公克綠豆則需搭配10c.c.的冷開水,以此準則可以類推懷孕時自己的需要量。若懷孕時是夏天,為預防綠豆水在室溫下變質,最好放進冰箱內冷藏,並每隔2~3小時攪拌一下綠豆水。懷孕期間有妊娠糖尿病的症狀,除了需控制血糖、少吃高醣、高熱量的食物,最好還能每天喝綠豆水,直到血糖降為正常為止。

蓮藕汁

過敏

● 材 料 ●

蓮藕2條

● 作 法 ●

1. 蓮藕洗淨外皮,瀝乾水分。

2. 將蓮藕切段,放入果菜榨汁機內,榨出汁來,
倒入杯中飲用。

貼 心 叮 嚀

通常體重每1公斤,蓮藕汁相對需5cc,
因此一個體重60公斤的孕婦,每天便需喝
300cc的蓮藕汁,來改善過敏體質。若有
過敏現象的孕婦,建議應多攝取綠色蔬
菜、干貝、蓮藕、豬心⋯⋯等能安定神經
的食物,此外,還應少吃燒烤、刺激性食
物。因為蓮藕汁含鐵質易氧化,故最好採
現榨現喝;若沒有榨汁機,則可以將蓮藕
磨細,放入乾淨的紗布內絞出汁來。
另外,害怕蓮藕汁味道的孕婦,可酌量加
入鹽或蜂蜜,緩和氣味。

蜂蜜水

 近生產時

● 材料 ●

蜂蜜200cc、熱開水160cc

● 作法 ●

1. 將蜂蜜與熱開水混合,攪拌調成濃稠的蜂蜜水。

2. 當生產時開二指(即大痛開始時),或破水時喝,可幫助縮短產程,減輕痛苦。

貼心叮嚀

蜂蜜水適合自然生產的孕婦喝,若於懷孕末期飲用,則有涼補的功效。在產前1個月,建議可每天以室溫或微冰的開水,倒入適量的蜂蜜調勻,作為開水飲用,惟於生產時必須以滾熱的開水沖泡,喝一杯即可。

養肝湯

近生產時

● 材料 ●
紅棗7粒、滾水280cc

● 作法 ●

1. 紅棗洗淨,每粒皆以小刀劃出7條直紋
   (可幫助養分溢出),放入大碗中。

2. 將滾水沖入碗內,加蓋讓紅棗浸泡8小時以上。

3. 再將其加蓋,隔水蒸1個小時,去除紅棗即可飲用。

貼心叮嚀

養肝湯的每日份量宜分2~3次喝完,
且不可超過280cc／日,否則較易
上火。此湯可排解麻藥毒性,也可減
輕手術後的疼痛,最適合剖婦產的孕
婦;自然產的孕婦喝此湯,則生出來
的小寶寶皮膚特別水嫩。另外,此湯
品為避免盛暑天熱,水易變質,浸泡
時最好放入冰箱內冷藏。

廣和集團

廣和
坐月子料理外送服務

認識廣和月子餐宅配服務

因為貼心 所以放心

- 遵循「台灣健康之神」莊淑旂博士50年日本皇宮婦科經驗、獨門坐月子理論，調配專業套餐，並由外孫女章惠如老師親身體驗及推廣
- 全年無休，專業廚師每日新鮮現做，並有專人冷藏車配送到府
- 獨家採用「廣和坐月子水」料理所有餐點榮獲眾多台灣知名新聞主播、藝人及數十萬消費者指定使用及口碑讚譽
- 個人專屬調理師，提供養胎及坐月子親切諮詢服務
- 合法經營，制度完善，每筆消費皆開立統一發票，服務品質有保障
- 首創全國葷、素月子餐外送服務，一張合約書，全省服務範圍皆適用
- 提供刷卡及無息分期付款服務，輕鬆付款

廣和月子餐讓俞小凡產後再現風華

美麗＋氣質的影星俞小凡很喜歡小孩，不僅和小生老公翁明合開了幼稚園，三年前生下老大後，更為了能夠帶小孩而出演藝圈。去年年底，俞小凡再度生下老二，兒女雙全，令人稱羨！

前後兩胎相隔三年，對俞小凡來說可是兩種截然不同的懷孕經驗。第一次懷孕時，俞小凡有充分的時間安心休養。但到懷老二時，大兒子正處於活蹦亂跳的年齡，成天追著他東奔西跑之下，俞小凡明顯感覺到懷第二胎辛苦多了，不僅很容易疲倦，到了懷孕後期甚至連坐著都覺得骨頭酸痛。為了讓身體舒服一點，因此，俞小凡從懷孕期間就開始喝廣和所指導的大湯，並服用「莊老師喜寶」。好不容易順利等到小女兒出生，廣和提供的月子餐更幫助俞小凡把懷孕期間所消耗的體力元氣，通通補了回來！

廣和所提供的月子餐可說完全照顧到產婦月子期間的營養需求，讓俞小凡完全不用自己花心思去張羅飲食，就可以正確坐月子。尤其每道菜都用「廣和坐月子水」來料理，讓她可以完全不用擔心違反了月子期間不能喝水的禁忌。此外，號稱坐月子雙寶的「莊老師仙杜康」及「莊老師婦寶」兩樣保健食品更讓俞小凡覺得受益良多。原本俞小凡的體質就比較怕冷，冬天一到，更是經常手腳冰冷，覺得難受。但經過廣和月子餐的調理，做完月子之後，俞小凡這些小毛病通通好了，讓她相當滿意。

此外，除了飲食，廣和也照顧到產婦生產的其他層面，「莊老師束腹帶」就讓俞小凡讚不絕口。由於產後肚皮容易失去彈性，內臟也容易因為支撐力鬆弛而往下墜，藉由束腹帶，就可以把整個肚皮及內臟支撐托高，幫助腹部儘早恢復。廣和不僅提供束腹帶，還會專人教導如何正確纏繞束腹帶，這種貼心服務，讓俞小凡覺得相當受用。

選擇廣和專業細心的幫助，在坐完月子後對自己更加信心十足。俞小凡果然重新恢復懷孕前的體力，在事業上及照顧起兩個寶貝也更加得心應手。前後兩胎坐月子都選擇廣和月子餐的她，毫不猶豫的表示，未來如果有機會生第三胎，當然一定要再找廣和來幫她輕鬆坐月子！

Mrs. Juang 莊老師

孕婦養胎聖品

莊老師 喜寶

『莊老師喜寶』是廣和集團經過多年潛心研製，並得到眾多消費者認可的孕婦理想保胎食品。內含冬蟲夏草、珍珠粉、果寡糖、孢子型乳酸菌等天然成分；無論是懷孕或是產後，這段期間的婦女除了需要充分的休息來補充精神，更需要考慮胎（嬰）兒來自母親的養分所須。『莊老師喜寶』的天然成分含有豐富的鈣質及蛋白質，**特別適合孕婦以及胎兒對鈣質的吸收**，對於**更年期**的婦女朋友，『莊老師喜寶』也能提供所須的營養補給。

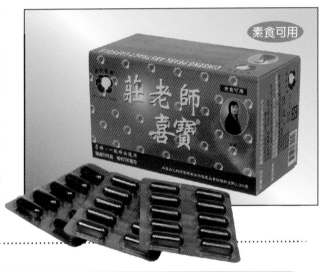

附註：

1. 『莊老師喜寶』於婦女懷孕期間每日三粒，飯前各服一粒。產婦及更年期婦女每日早晚各服兩粒。

2. 『莊老師喜寶』採膠囊包裝，為純天然的食品，每盒90粒，對膠囊不適者可拔除膠囊服用，婦女於懷孕期間須連續服用10盒，以補充媽媽、寶寶流失與不足的鈣質及養分。

Mrs. Juang 莊老師

坐月子聖品

莊老師 仙杜康

『莊老師仙杜康』是以新鮮糙薏仁為主要原料，配合珍貴的冬蟲夏草、孢子型乳酸菌、蔬果纖維和甘草、山楂等多種營養成分，經過科學配製，精心製造的天然食品。能促進新陳代謝、減輕疲勞和養顏美容，一般人適用，**尤其推薦產後婦女坐月子食用**。婦女產後內臟鬆垮且往下墜，坐月子期間內臟有回復原位的本能，服用『莊老師仙杜康』來幫助維持消化道機能，使排便順暢，並且以正確的坐月子方法調養，讓您對**回復產前身材更有信心！**

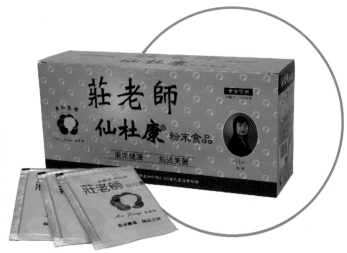

附註：

1. 『莊老師仙杜康』是產婦專用的養生食品，男女老幼也適用，但孕婦及準備在1個月內懷孕的婦女禁用。
2. 『莊老師仙杜康』每盒28包，自然生產30天須服用6盒，剖腹生產及小產40天須服用8盒。

坐月子聖品

莊老師 婦寶

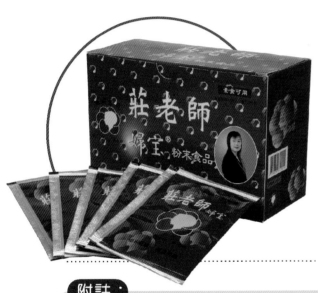

『莊老師婦寶』是以特殊栽培、細心管理的薏苡種實為主要原料，配合以高品質的珍珠粉、特級山楂、乾薑以及精選的山藥、米胚芽萃取物（谷維素）、大豆萃取物（大豆異黃酮）、小麥胚芽粉末（維生素E）和蛋殼萃取物等精心製造的天然食品。產婦在坐月子期間，因賀爾蒙失調，容易造成形神憔悴、皮膚粗造、皺紋、黑斑等症狀；『莊老師婦寶』的天然成分中含有豐富的鈣、鐵質，是女性**生理期**、**坐月子**、**流產**、**更年期**以及**閉經後**用以增強體力、滋補強身的營養補充好選擇。

附註：

1. 『莊老師婦寶』具有破血性，孕婦、胃出血、十二指腸出血、重感冒、發高燒時請勿服用。
2. 『莊老師婦寶』每盒21包（7日份），自然生產30天須服用4盒，剖腹生產及小產40天須服用6盒。

廣和莊老師孕、產婦系列產品

廣和月子餐系列	訂餐單日	一日五餐，主食、藥膳、點心、飲料、蔬菜、水果，一應俱全	2,300元/日
	月子餐30日	如上述（省7,000元）	62,000元/30日
	月子餐30日+產品組合	30日餐費加莊老師仙杜康6盒，莊老師婦寶4盒(優惠價)	77,000元/30日
	仕女餐5日+仕女寶1盒	生理期餐5日加仕女寶1盒	6,600元/5日
坐月子、保健系列產品	廣和坐月子水	比米酒更適合產婦的坐月子小分子料理高湯，以『米酒精華露』搭配『獨家天然配方』特製而成	4,560元/箱（1,500cc x 12瓶/箱）（6日份）
	莊老師胡麻油	慢火烘焙，100%純的黑麻油，莊老師監製，坐月子、生理期適用	2,300元/箱（2,000cc x 3瓶）（一個月量）
	大風草漢方浴包	「坐月子」、「生理期」，擦拭頭皮、擦澡及泡腳專用！	1,200元/盒（10日量,10包/盒）
	莊老師喜寶	孕婦懷孕期養胎及更年期、授乳期所需天然鈣質等豐富營養補充之最佳聖品	2,100元/盒（90粒/盒）（一個月量）
	莊老師仙杜康	1.促進新陳代謝 2.產後或病後之補養 3.調整體質 4.幫助維持消化道機能，使排便順暢	1,500元/盒（28包/盒）（約5日量）
	莊老師婦寶	1.調節生理機能 2.養顏美容、青春永駐 3.婦女(1)初潮期 (2)生理期 (3)更年期以及坐月子期之最佳調理用品	2,100元/盒（21包/盒）（7日量）
	莊老師養要康	高科技提煉杜仲濃縮錠，莊老師監製	2,400元/盒（42錠×4罐/盒）（28日量）
	莊老師仕女寶	「莊老師仕女寶」是專為生理期的婦女設計的天然養生保健食品，內含婦寶II15包及養要康II15包，為生理期 5日量	2,000元/盒（30包/盒）（5日量）
	莊老師幼儿ㄦ寶	專為4個月以上~12歲以下的嬰、幼兒設計的天然養生保健食品	2,500元/盒（60包/盒）（1~2個月量）
	DIY坐月子藥膳補帖	一份專為坐月子的產婦所調配的階段性調理藥膳包	7,500元/箱（30天用量）
	莊老師 乃の寶	茶飲 產後哺乳者適用 15包入 重225公克 全素可食	1,200元/盒（15日量,15包/盒）
	莊老師 生化飲	產後坐月子及生理期適用 15包入 重225公克 全素可食	1,200元/盒（15日量,15包/盒）
	莊老師 神奇茶	產前、產後一般保養者適用 15包入 重225公克 全素可食	1,200元/盒（15日量,15包/盒）
	廣和堂滴雞精	【鮮雞‧慢淬‧濃醇味】遵循古法的精神 淬煉出百分之百不添加水分的老田雞精華 每一滴精華提供您滿滿的元氣	4,200元/盒（30包入/盒）
	廣和藥膳帖	男人湯、女人湯、呈龍湯、呈鳳湯...等藥膳帖，每盒15包	2,500元/盒（15包/盒）
	莊老師束腹帶	生理期、產後之身材保養及"內臟下垂"體型之改善不可或缺的必備用品	1,400元（2條入）950x14cm
	廣和優良叢書	請參考本書P.227 "廣和孕、產婦係系列及健康系列叢書" 介紹	

廣和坐月子養生機構

台灣、美國廣和月子餐指定使用
總公司地址：台北市北投區立功街122號
網址：http://www.cowa-mother-care.com.tw

◎ 歡迎使用信用卡消費 ◎

全省客服專線：0800-666-620 傳真：02-2858-3769

✪ 銀行電匯：玉山銀行(天母分行)
帳號：0163440860629
戶名：廣和坐月子生技股份有限公司
※ 電匯必須來電告知以便處理
※ 請附上掛號費80元以便迅速寄貨！

廣和健康書十三

章老師教妳

孕婦這樣吃

孕婦養胎寶典

著 作 指 導：莊淑旂
著 作 人：章惠如
業 務 部：賴駿杰、章秉凱
出 版：廣和坐月子生技股份有限公司
銀 行 電 匯：玉山銀行天母分行 帳號：0163440860629
戶名：廣和坐月子生技股份有限公司
(電匯必須來電告知以便處理，請附上掛
號費80元以便迅速寄貨！)
登 記 證：新聞局臺業字第四八七二號
地 址：台北市北投區立功街122號
電 話：0800-666-620
傳 眞：(02)2858-3769
印 刷：達英印刷事業有限公司
總 經 銷：紅螞蟻圖書有限公司
地 址：台北市內湖區舊宗路2段121巷28之32號4樓
電 話：(02)2795-3656
傳 眞：(02)2795-4100
出 版 日 期：2014年8月第三刷
I S B N：957-8807-29-5
定 價：新台幣220元

國家圖書館出版品預行編目資料

孕婦這樣吃：孕婦養胎寶典 / 章惠如
著 . -- 臺北市：廣和, 2005【民94】
面； 公分 . -- (廣和健康書：13)
ISBN 957-8807-29-5 (平裝)
1. 食譜　2.營養　3.妊娠
427.1　　　　　　　　　94012449